北京市绿色印刷工程
——优秀青少年（婴幼儿）读物绿色印刷示范项目

U0272505

三甲医院营养科主任审定推荐

孩子爱吃的
健康零食

刘国华 贾娟 双福◎等编著

化学工业出版社

·北京·

很多年轻父母听到零食会存在排斥心理，认为会导致宝宝拒绝正餐、膳食不平衡，引起营养不良等。其实，这是因为年轻父母混淆了零食的真正概念。

本书就是妈妈为宝宝准备的零食指导书，本着"解惑授道"想法编写，指导年轻父母认知何谓健康零食，零食作为宝宝正餐外的营养添加，宝宝零食的材料、食用时间、食用量，以及如何在家庭中使用绿色健康食材为宝宝制作充满爱心的健康营养零食。

本书零食制作趣味可爱，用生动的造型或者颜色激发宝宝的食欲及他们的想象力，启发宝宝智慧，即使只是简单水果的处理，也力求做出造型，让趣味营养零食成为宝宝健康成长的推动器。本书配有二维码视频，方便读者操作时使用。

图书在版编目（CIP）数据

孩子爱吃的健康零食 / 刘国华等编著.
— 北京：化学工业出版社，2015.8
ISBN 978-7-122-24228-0

Ⅰ.①孩… Ⅱ.①刘… Ⅲ.①小食品-食谱 Ⅳ.①TS972.12

中国版本图书馆CIP数据核字（2015）第123870号

责任编辑：马冰初　李　娜　　全案统筹：
责任校对：陈　静　　　　　　　摄　　影：
　　　　　　　　　　　　　　　装帧设计：

双福 SF 文化·出品
www.shuangfu.cn

出版发行：化学工业出版社（北京市东城区青年湖南街13号　　邮政编码　100011）
印　　装：北京盛通印刷股份有限公司
710mm × 1000mm　1/16　印张　9　字数　180千字
2016年1月北京第1版第1次印刷

购书咨询：010-64518888　（传真：010-64519686）
售后服务：010-64518899
网　　址：http://www.cip.com.cn
凡购买本书，如有缺损质量问题，本社销售中心负责调换。

定　　价：29.80元

序

　　所谓快乐亲子厨房，顾名思义这个厨房里不仅只是
那个勤劳贤惠的妈妈的忙碌背影，而是一个和宝宝一起
构思创意，在互动中快乐交流的温馨场面。现代时尚妈
妈们都深深懂得宝宝们的动手能力培养是不容忽视的，
而从何开始培养确实是困扰妈妈们的普遍难题。多数家
长想来想去觉得扫扫地、擦擦桌子这样的小事儿可以让
宝宝们自己做起，却不怎么放心让心肝宝贝走进厨房重
地。当然了，身为妈妈的我也深有同感，毕竟厨房里面
有刀叉、热水、电器，还有煤气等，这些都是对宝宝们
存在潜在危险的东西。其实只要我们将细节工作做好，
并耐心地告诉宝宝们各类危险注意事项，这些都是不必
那样大惊小怪的。况且我们应该从宝宝们小的时候就培
养他们具有保护自己的意识。

　　快乐亲子厨房中不仅可以尝试做各
种创意的美味，营养的早餐，同样是
健康零食的发源地呢！和宝宝一起挑
选他喜爱的美味零食，让宝宝亲自动
手参与，既可以体会自己动手的乐趣，
又能收获绿色无添加的美味零食，是
不是很棒呢？聪明的妈妈不会拒绝宝
宝的要求，只会正确地引导宝宝需要
做的，因为每个宝宝都是独一无二的
天才创造家。

目录 contents

小提示

◎菜名前带 ★，有对应的二维码视频。

◎带 ☺ 是可以同宝宝一起操作的步骤。

part 1 零食要好吃，更要健康

part 2 长气力的小狮子——肉肉零食

part 3 跑得快的小白兔——五谷蔬菜零食

part 4 活泼的小猕猴——水果零食

part 5 爱喝牛奶的小花猫——蛋奶烘焙零食

part 6 聪明的小松鼠——坚果零食

part 7 爱喝蜂蜜的小熊——饮品

Part 1

零食要好吃，更要健康

没有错误的食物，只有错误的选择，宝宝的零食同样如此。给宝宝选择合适的零食补充，可以让宝宝在三餐之外摄取到需要的营养物质，更加适合宝宝的健康成长。

宝宝健康饮食原则

怎样给宝宝提供健康营养的美食，是关系宝宝能否健康成长的重要条件之一。许多育儿专家提出各种科学喂养、健康饮食的原则，并在此基础上给予爸爸妈妈们无数的指导和建议。如何在这些浩繁的信息中提取真正有用且简单易于操作的东西呢？

每个宝宝在妈妈肚子里就注定了是不一样的，各方面的基质和体质都是不同的。所以爸爸妈妈们首先要做的就是了解自己的宝宝。这是进行以后的饮食搭配和健康调理的重要前提条件。比如有的宝宝长牙齿比较晚，通常到了应该长牙齿的时候还不见有小乳牙出现，这个时候爸爸妈妈就要考虑在他的饮食中加入含钙质丰富的辅食。而有的宝宝发育比较晚，到了学龄阶段发现比其他班里同龄的小伙伴都要矮很多，这可能是由于缺锌导致的，当然要去通过体检来确定是否真的缺锌。如果是确定无疑的，那就要在宝宝的饮食结构中考虑多加入一些含锌丰富的食物。所以了解宝宝体质特点，是进行个性化健康饮食结构搭配的首要原则。

了解了自家宝宝的体质，接下来就是要对食物原材料有所了解。比如菠菜是富含哪些微量元素的，胡萝卜适合哪

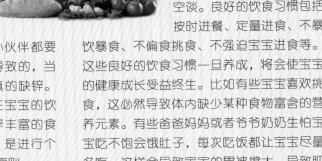

类营养补充的，茄子有什么特点，等等。这些还不够，还需要了解哪些蔬菜如何烹饪比较便于吸收又能保留它的营养不被破坏。一旦了解之后，各类营养结构的搭配就在心中有了明确的思路。

另外就是要让宝宝养成良好的饮食习惯，如果宝宝自己饮食习惯不好，无论爸爸妈妈做多大的努力、准备多么完美健康的食谱都是空谈。良好的饮食习惯包括按时进餐、定量进食、不暴饮暴食、不偏食挑食、不强迫宝宝进食等。这些良好的饮食习惯一旦养成，将会使宝宝的健康成长受益终生。比如有些宝宝喜欢挑食，这必然导致体内缺少某种食物富含的营养元素。有些爸爸妈妈或者爷爷奶奶生怕宝宝吃不饱会饿肚子，每次吃饭都让宝宝尽量多吃，这样会导致宝宝的胃被撑大，导致肥胖及不利健康的饮食习惯。最好的做法就是让宝宝吃够即可，不想吃的时候就不再勉强宝宝进食。

基于这些宝宝健康饮食原则，我家的宝宝不但身体健康，体质非常好，而且有良好的饮食习惯。看他健康快乐地成长，忍不住将这些生活中的感悟分享给每一个宝宝的爸爸妈妈。

健康零食的添加意义

据统计，儿童每日所需能量的 20%～30%，营养素的 14%～27% 是由零食提供的。但是专家通过对市面上零食的营养成分分析发现，零食中糖和能量的含量明显高于正餐，而它所提供的能量和营养素远不如正餐均衡、全面。

所以作为负责任的爸爸妈妈，给自己的宝宝制作零食不仅是一种健康风尚，更是一种爱心体现。本书将向你揭晓为什么越来越多讲究生活品质的妈妈开始亲自动手做宝宝零食。这真的不是仅仅为追随时尚而掀起的一股风潮，而是健康零食添加的意义开始被意识到而激起的一种健康科学的育儿生活方式，在欧美国家，很多家庭主妇都喜欢自制宝宝零食，比如饼干、蛋糕、琥珀核桃等。

本书将根据宝宝成长阶段的不同来具体讲解健康零食的添加意义。

在宝宝三岁以后一般会送去幼儿园，接下来的三年时间里，幼儿园的老师和营养师会根据这个年龄段孩子的发育特点和营养需求进行科学合理的饮食搭配，每天会给孩子们提供正餐和两顿正餐之间的加餐，一般是水果、奶制品和饼干蛋糕等。但是这些都是对所有孩子统一提供的，不会考虑孩子的个性化需求，而爸爸妈妈们在家准备的宝宝零食则可以弥补孩子自身缺少的营养元素，正餐之外的自制零食则是补充这些营养的重要途径之一。

孩子上小学之后身体发育更快，且体力和脑力活动量迅速增加，早餐时间紧张往往很难保证让宝宝吃得营养健康而又充足。午餐很多孩子在学校就餐，且不像幼儿园时期可以有两餐之间的加餐。所以这个时期家里常备一些便于充饥又营养健康的零食更是至关重要的。更何况这个年龄段的宝宝都可以亲自动手，参与和爸爸妈妈一起来做零食了，这个过程也是和孩子沟通感情，加强了解，表达爱和关心的最佳时刻。

如何分辨零食是否健康

　　合理的营养和良好的饮食习惯，是宝宝健康成长的基本要素。营养专家们提出，要给宝宝餐桌上建一个"金字塔"。何谓餐桌上的金字塔？就是将各类食物进行分类之后，按照儿童成长所需营养的比例进行排列，根据这种科学研究排列之后发现在这些构成中，以五谷杂粮和豆类为主的这些所谓的主食占比例就像金字塔底，蔬菜、水果在儿童饮食中的比例仅次于主食，奶及奶制品在排在其后，鱼、肉、蛋的占比少于奶及奶制品，金字塔尖上则是油、盐、糖。

　　具体如下图：

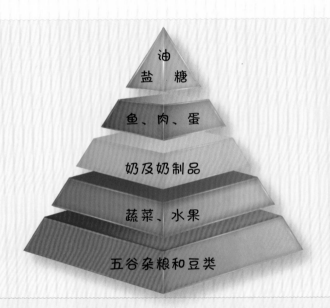

　　依据这一儿童饮食营养金字塔原理，我们就能分辨哪些零食是健康的，哪些是有悖于这个金字塔原理的。所谓健康零食应该基本符合这一儿童营养构成金字塔比例，若某种零食的主要构成为五谷杂粮和豆类，那么它就符合了健康零食的要求，而与此相反，像炸薯条、蜜三刀、油炸膨化食品等这类零食则含油、糖、盐的比例太高，不符合儿童饮食营养金字塔原理，所以不能算健康零食，应该让宝宝少吃或不吃这类零食。

　　在我们中国传统家庭饮食习惯中，一般情况下，一日三餐的正餐主要以五谷杂粮和豆类及蔬菜为主。在西方国家水果也是正餐之前的重要组成部分。随着饮食健康文化和健康意识的不断增强，我们也渐渐将水果纳入正餐的范围之内，所以不用太担心宝宝缺少金字塔下面这两层的营养。但是若是孩子吃饭不好，每次正餐进食量都不够，那就应该考虑在正餐之外做一些包含这些原料的零食，以保证孩子这方面营养所需。

对于正餐习惯良好的宝宝，零食则可以均衡搭配。比如水果类、蛋糕、饼干、干果、奶制品、鱼、肉、蛋等都可以作为原料，根据宝宝对它们的需求比例来搭配制作零食。本书的制作方法便是依据这个饮食营养金字塔比例，虽然品种有限，但健康又营养均衡，爸爸妈妈们只要掌握了儿童零食金字塔的原理，再发挥自己的创造力，相信各种美味零食足以保证自己的宝宝营养均衡而充足，对美食充满兴趣，吃得安全又健康，让宝宝在爱的包围中快乐而健康地成长。

而对于市面上买的各类宝宝零食，爸爸妈妈们也要学会辨别哪些是健康的，哪些则不能够经常让孩子食用。一般情况下，超市出售的各种儿童零食外包装上面都会有写明各种营养成分的组成比例，爸爸妈妈们要养成在购买之前仔细看一些这个构成比例是否基本符合儿童零食金字塔的原理，尽量选择那些符合这个比例的零食进行采购。

宝宝营养补充的零食原则

　　宝宝对零食的需求在不同的年龄段是不同的，所以健康合理的零食选择要根据宝宝的成长阶段来有区别、有针对性地进行。根据年龄段的不同，在给宝宝提供零食补充时，不仅营养搭配是有区别的，就连提供零食的时间段也是不同的，宝宝零食营养补充可以根据不同特点划分为三个年龄段。

第 1 阶段

　　第 1 阶段是在宝宝一岁之后，三岁上幼儿园之前。这个阶段宝宝一般能自己跑，活动量大大增加，身体发育加快，营养需求量迅速增加。这个时候就要根据宝宝的特点添加更多的营养。对于这个成长阶段的宝宝来说，他们会不停地想吃东西，对零食的需求量也增加很多，爸爸妈妈们要注意提供零食不要太单一。比如不能单纯地只是为了宝宝不饿而提供面包饼干之类的，也要考虑水果蔬菜、奶制品，鱼、肉、蛋等各类营养物质是否全面。要依据儿童零食金字塔原理进行营养丰富搭配。

第 2 阶段

　　第 2 阶段是在三岁之后，宝宝上了幼儿园之后，一般情况下整天时间都会在幼儿园度过，有的甚至包括早餐都会在幼儿园吃。饮食营养搭配大部分的主动权都交给了幼儿园，爸爸妈妈们可以做的是在宝宝幼儿园之外的时间里尽可能提供营养均衡而丰富的零食和晚餐。这个时候可以给宝宝提供零食的时间段主要就是下午从幼儿园接回家之后。一般活动了一天的宝宝回家后都会先补充一些零食才能再继续玩。爸爸妈妈们要抓住这一天中仅有的一次零食补充的时

机，尽量提供营养全面的零食给宝宝。因为宝宝自己没有这方面的意识，只会根据自己的口味喜好。比如有的宝宝就爱吃薯条、冰激凌，如果爸爸妈妈只是顺着孩子的喜好难免会造成孩子营养不足。

第 3 阶段

第 3 阶段是在宝宝上小学之后，因为学校不再提供两顿正餐之间的加餐，而这个阶段的孩子体力和脑力活动量都很大，只靠正常一日三餐很难保证营养充足，爸爸妈妈们则要更多地考虑在晚餐之外提供一些营养丰富的零食以备孩子身体所需，在假期还可以多和孩子一起亲手制作健康零食，让孩子从小就有健康饮食的意识和观念。

　　让宝宝进食营养而健康的食物固然重要，对孩子更重要的是让他们喜爱食物，能够享受制作过程和餐桌上的乐趣，并在此过程中向他们传递科学的饮食文化知识，培养自理能力和良好的行为习惯，这将使宝宝受益终生。

在家巧做宝宝零食包装

宝宝零食包装不容小觑，营养有美味的零食如果再搭配一个漂亮美观又绿色环保的包装，那是再诱人不过的了。

制作宝宝零食包装要坚持绿色环保的原则，让宝宝养成动手能力的同时，还要有环保的意识，为保护我们的大自然贡献一点点力量。

其实在我们的日常生活中，很多从商场或者超市买回的零食盒子都很漂亮，并且没有必要用完就立刻扔掉。比如很多铁盒子包装的饼干，用完之后稍作加工，做成自己家日常用来装自制饼干的容器，那一定是很有意义的，既减少了垃圾产出，又解决了家里制作的饼干没有漂亮容器的难题。

还有各种罐头瓶子，每次用完之后也不必扔掉，如蜜汁核桃、水果沙拉等这些美食装在那些透明的罐头瓶中，如再稍加装饰不但可以成为餐桌上的一道美景，还不用再花钱去买盘子和碟子了呢！

除此之外还有水果篮，搭配一块富有情调的干净厨房用纸，就可以用来当作面包篮子了，或者也可以用作水果篮，只要有一颗环保爱美的心，很多废料都可以用在厨房里做零食包装哦！这不仅可以节省购买包装材料和容器的开支，还可以培养宝宝们的环保意识，在这种小创作中不断激发宝宝们的想象力和创造力，何乐而不为呢！

Part 2

长气力的小狮子
—— 肉肉零食

青青的草原上，有斑马、长颈鹿、小狮子等很多动物。它们中，谁是最强壮的王者呢？当然是爱吃肉肉的小狮子。喜欢吃肉肉的小狮子有着强壮的四肢、宽大的头颅，小雄狮长大后还有长长的鬃毛，并且会发出很大的吼声。小朋友，要长得更高更壮，就要吃肉哦！

猪肉脯

 原 料

猪肉馅	500 克

 辅 料

料酒	适量
盐	适量
老抽	适量
黑胡椒	适量
蜂蜜	适量
白芝麻	适量
鱼露	适量

 制 作

❶ 猪肉馅里放适量料酒、老抽、鱼露、盐、黑胡椒，顺一个方向搅拌均匀。

❷ 铺一层锡纸，放上适量搅好的猪肉馅。

❸ 在猪肉馅上盖上保鲜膜，用擀面杖擀成薄厚均匀的猪肉片。

❹ 揭去保鲜膜，将肉片整理成长方形。猪肉片的大小以烤盘的大小为准。

❺ 将猪肉片连同锡纸放到烤盘上，放入预热180℃的烤箱，中层上下火烤 15 分钟后，将猪肉片翻面继续烤 8 分钟。

❻ 将烤好的猪肉片拿出，再次翻面，用刷子涂上一层蜂蜜。

❼ 撒上一层白芝麻，再烤 5 分钟即可。

 告诉宝宝的营养

　　白芝麻是胡麻科植物芝麻的种子，含有大量的脂肪和蛋白质，还有糖类、维生素 A、维生素 E、钙、铁、镁等营养成分。宝宝常吃可以补血明目、祛风润肠、养发、强壮身体。

自制牙签肉

零食推荐时间：上午或中午、下午加餐

零食食用注意：油炸肉类食物，宝宝可以少食一些

 原 料

猪肉	300 克

 辅 料

淀粉	少许
色拉油	适量
盐	适量
生抽	适量
花椒粉	适量
孜然粉	适量

 制 作

❶ 猪肉切大小合适的块。

❷ 猪肉块中加入生抽、盐、花椒粉，用手抓匀，腌制 30 分钟。

❸ 加入淀粉拌匀。

❹ 将调好的猪肉块用牙签串起。

❺ 锅中注入色拉油，烧至 7 ~ 8 成热。

❻ 放入串好的猪肉块，中火炸至外表微黄。

❼ 捞出，放在吸油纸上吸油。

❽ 撒上孜然粉即可。

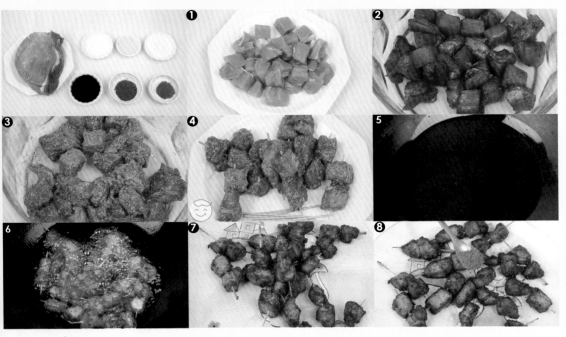

 告诉宝宝的营养

猪肉中含丰富的蛋白质及脂肪、碳水化合物、钙、磷、铁等营养成分，宝宝食用可以补虚强身，滋阴润燥，孜然粉、花椒粉加少许调味或不加皆可。

芙蓉虾球

零食推荐时间：上午或中午、下午加餐

零食食用注意：2岁左右的宝宝一天2~3个，
大一点儿的宝宝可适当增加
食用量

 原 料

鸡蛋	2个
鲜虾	适量

辅 料

姜	2片
牛奶	30毫升
淀粉	适量
盐	适量
料酒	适量
鸡精	适量
白糖	适量
色拉油	适量

制 作

❶ 鲜虾去壳，抽去泥肠，取虾仁。鸡蛋取蛋白。

❷ 用刀将虾仁背部划开，用少许料酒、姜片腌制去腥。

❸ 淀粉中加入牛奶调成水淀粉状，再加入适量的盐、白糖、鸡精、蛋清调匀。

❹ 热锅中注入适量色拉油，不等油热，直接下虾仁翻炒，虾仁发白就捞出，放入调匀的淀粉液中，稍稍拌匀。

❺ 重新取锅，热锅注入色拉油后加入裹着淀粉液的虾仁。

❻ 待底部稍稍凝固后快速翻炒，蛋白基本凝固后出锅。

 告诉宝宝的营养

虾具有超高的食疗价值，可以提供大脑发育所需营养，有助于宝宝保持精力集中。

焦香猪柳

零食推荐时间：上午或中午、下午加餐

零食食用注意：经过油炸，要适当食用

原 料

猪肉	200 克
鸡蛋	1 个

辅 料

小苏打	适量
烤肉料	适量
淀粉	适量
面包糠	适量
色拉油	适量

制 作

❶ 将猪肉切成条，鸡蛋打散成蛋液。

❷ 猪肉条中加入烤肉料和少许小苏打，用手抓匀，腌制 15 分钟。

❸ 腌制好后加入淀粉，拌匀。

❹ 猪肉条放入蛋液中，蘸匀蛋液。

❺ 在面包糠中打个滚。

❻ 锅中注入色拉油，烧至 5 成热，放入猪肉条，炸到浮起时捞出。

告诉宝宝
的营养

鸡蛋由蛋壳、蛋白及蛋黄三部分组成，含有大量的蛋白质、维生素和矿物质，有助于增进人体神经系统的功能，有利于宝宝健脑益智、增强记忆力。

零食等级：
适当食用级

鱿鱼圈

零食推荐时间：上午或下午加餐

零食食用注意：鱿鱼圈经过油炸，要适当食用，并且最好用厨房用纸吸去油分

原 料

鱿鱼	2 只
鸡蛋	2 个
面包糠	200 克
面粉	200 克

辅 料

香菜	1 棵
盐	适量
胡椒粉	适量
色拉油	适量

制 作

❶ 鱿鱼掏净内脏除去须脚，洗净，切成 1 厘米宽的鱿鱼圈；香菜洗净切碎。

❷ 鸡蛋磕入碗中，打散成蛋液。

❸ 鱿鱼圈中加入盐和胡椒粉，腌制 10 分钟。

❹ 将鱿鱼圈均匀地拍上一层面粉，放入蛋液中蘸匀，裹上一层面包糠，抖去多余的碎屑。

❺ 锅中注入色拉油，烧至 5 成热，放入鱿鱼圈，中火慢慢炸至金黄色。

❻ 捞出沥油，放入盘中，撒入香菜碎点缀即可。

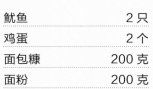

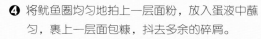
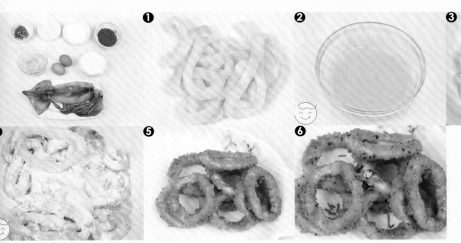
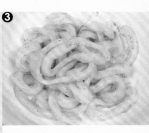

告诉宝宝的营养　鱿鱼是一种生活在海洋中的软体动物，富含硒、碘、锰、铜等微量元素，也含有非常丰富的蛋白质、钙、铁、磷等营养成分，比较适合宝宝食用。

零食等级：
可经常食用级

鱼肉松

零食推荐时间：上午或下午加餐

零食食用注意：多食无妨

原料

草鱼	1 条

辅料

盐	适量
白糖	适量
姜	适量
橄榄油	适量
黄酒	适量
生抽	适量

制作

❶ 草鱼去头洗净，切大段，放上姜、黄酒腌制 10 分钟去腥。

❷ 腌制好的草鱼段上蒸笼，蒸 10 分钟。

❸ 蒸熟的草鱼段去刺、去骨、去皮，只把肉剔下来，肉块要捏松散。

❹ 锅中注入许橄榄油，将鱼肉放入锅中翻炒。

❺ 水分稍微蒸发后，加入生抽、盐、白糖继续翻炒，最后炒到肉质变干松散即可。

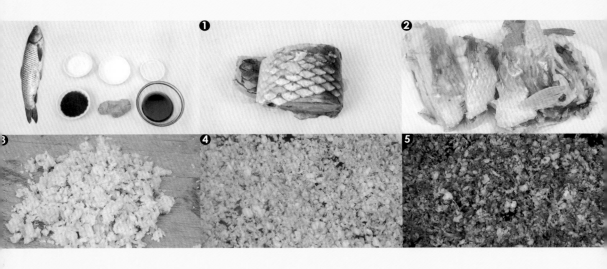

告诉宝宝的营养

草鱼含有丰富的不饱和脂肪酸，对血液循环有利，草鱼含有维生素 B_1、维生素 B_2、烟酸、不饱和脂肪酸，以及钙、磷、铁、锌、硒等营养成分，对儿童心肌及骨骼生长有特殊作用。

袖珍肉夹馍

零食推荐时间：上午或下午加餐

零食食用注意：由于分量大，每次可吃半个或 1 个

原　料

面粉	800 克
猪五花肉	500 克

辅　料

八角	适量	白芷	适量
桂皮	适量	生姜	适量
草果	适量	青甜椒	适量
砂仁	适量	酱油	适量
肉蔻	适量	盐	适量

制　作

❶ 猪五花肉切大段，焯水去血沫，晾凉后，切成厚一点的肉片；青甜椒切碎。

❷ 锅里加入水，放入八角、桂皮、草果、砂仁、肉蔻、白芷、生姜、五花肉。

❸ 大火煮开后放入酱油、盐，以小火炖制 1.5 小时左右。

❹ 面粉用泡好的酵母和成稍硬的面团，醒发。

❺ 把醒好的面团揪成小份的面剂子，揉上劲后，擀成小薄饼，醒发 40 分钟。

❻ 把醒好的小薄饼放入饼铛，烤至两面金黄、体积膨大，闻到麦香后取出。

❼ 将炖好的肉片剁碎和肉汁一同备用。

❽ 把烤好的面饼，用刀在一边划开至 3/4 面饼，夹入切好的酱肉碎、青甜椒碎，然后淋上一匙肉汁即可。

告诉宝宝的营养

面粉是常用的主食原料，富含蛋白质、碳水化合物、维生素和钙、铁、磷、钾、镁等矿物质。

牛肉饼汉堡

零食推荐时间：上午或下午加餐

零食食用注意：由于分量大，每次可
吃 1/2 ~ 1 个

原 料

牛肉馅	160 克	芝士	1 片
汉堡面包	1 个	鸡蛋	1 个

辅 料

蛋黄酱	适量	大蒜粉	适量
洋葱	适量	盐	适量
生菜	适量	黑胡椒碎	适量
番茄	适量	色拉油	适量

制 作

❶ 洋葱、番茄分别切成 0.5 厘米厚的片。

❷ 生菜洗净撕开，鸡蛋打散成蛋液。

❸ 将蛋液加入牛肉馅中，放入盐、黑胡椒碎、
大蒜粉混合搅拌均匀，制成牛肉饼备用。

❹ 锅中注入色拉油，中火烧至 7 成热，放
入已制好的牛肉饼煎熟。

❺ 将汉堡面包上均匀涂上蛋黄酱。

❻ 放上生菜、洋葱片、番茄片、煎好的牛肉
饼和芝士即可。

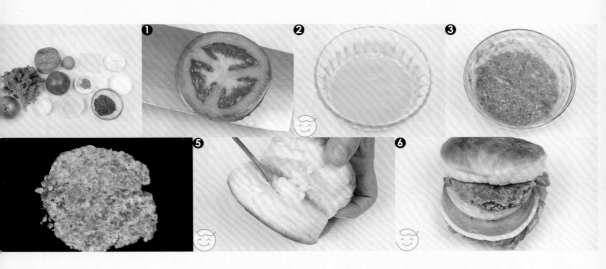

**告诉宝宝
的营养**
牛肉含有丰富的蛋白质、维生素 B$_6$，且氨基酸组成更接近人体需要，能提高机体
抗病能力，增强免疫力，促进蛋白质的新陈代谢和合成，对宝宝的生长发育极为有利。

小热狗

零食推荐时间：上午或下午加餐

零食食用注意：每天 1～2 个

原料

高筋面粉	250 克
牛奶	80 克
水	70 克
香肠	3 根
即食酵母粉	5 克

辅料

黄油	20 克
白糖	20 克
香菜	少许

制作

❶ 将除了香肠和香菜的其余材料揉成面团，揉至能拉出薄膜的程度。

❷ 待面团发酵到 2 倍大，分成小份，揉圆，进行中间发酵。

❸ 发酵好的面团搓成条状，一圈一圈地绕在香肠上，不要绕得太紧，留点空隙。

❹ 将所有卷好的香肠摆在烤盘上放进烤箱。

❺ 在烤箱底部放一碗热水，进行最后发酵，发酵至原来的 2 倍大。

❻ 用 180℃的烤箱，中层，烘焙 20 分钟左右。

❼ 将烤好的香肠面包撒上香菜即可。

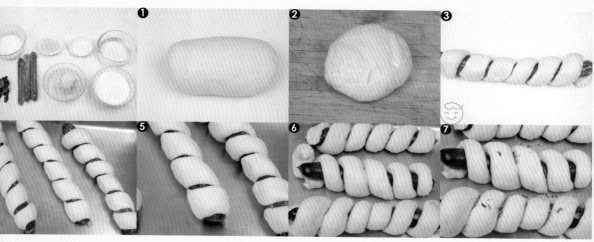

告诉宝宝的营养

牛奶中的矿物质种类丰富，钙磷比例适当，更有利于钙的吸收。且钙能促进骨骼发育，常喝牛奶有助于宝宝身体的发育。

零食等级：
可经常食用级

卤猪肝

零食推荐时间：上午或下午加餐

零食食用注意：每天 5 ～ 10 片

原 料

猪肝	300 克

辅 料

八角	适量	姜	适量
桂皮	适量	料酒	适量
花椒	适量	白醋	适量
香叶	适量	酱油	适量
蒜泥	适量	白糖	适量
葱	适量	盐	适量

制 作

❶ 水中加入料酒、白醋，放入猪肝浸泡 2 小时，用清水反复冲洗干净。

❷ 锅中烧开水，放入猪肝焯 1 分钟后捞出。

❸ 锅中放入葱、姜、八角、桂皮、香叶、花椒、白糖烧开，小火慢煮 10 分钟。

❹ 放入猪肝，大火烧开。

❺ 放入料酒和酱油，转小火继续煮 20 分钟，煮到用筷子扎进后无血水冒出即可。

❻ 加入适量盐，关火，猪肝浸泡在酱汁中几小时。

❼ 取出晾凉后切片，蘸蒜泥、酱油即可。

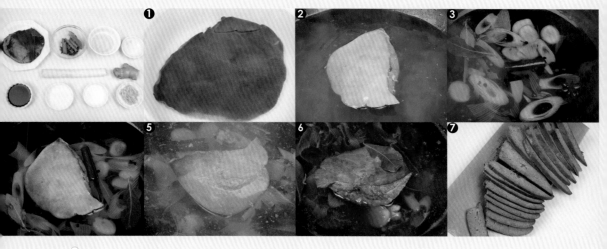

告诉宝宝的营养

　　猪肝含有丰富的铁、磷，是造血不可缺少的原料。猪肝中富含蛋白质、卵磷脂和微量元素，可明目养血，有利于宝宝的智力和身体发育。

原味牛肉粒

零食推荐时间：上午或下午加餐

零食食用注意：每天 3 ~ 5 粒

原 料

瘦牛肉	500 克

辅 料

姜片	3 片	蜂蜜	15 毫升
香叶	1 片	黑胡椒	适量
料酒	30 毫升	花椒	适量
生抽	15 毫升	盐	适量

制 作

❶ 瘦牛肉洗净焯水。

❷ 在瘦牛肉中加入姜片、花椒、香叶、料酒、生抽和盐。

❸ 加入水没过瘦牛肉的一大半，上高压锅煮半个小时。

❹ 瘦牛肉取出放凉后切成块。

❺ 将瘦牛肉块放到蜂蜜里面滚一滚，蘸均匀。

❻ 撒上黑胡椒提味。

❼ 放入烤箱中层，100℃循环热风，烤40分钟即可。

告诉宝宝的营养　牛肉做成牛肉粒后，保留了牛肉中含有的多种矿物质和氨基酸，久存不变质，适合宝宝当作零食食用，可以强身壮筋骨。

学龄前儿童膳食指南（一）

与婴幼儿时期相比，学龄前儿童生长速度减慢，各器官持续发育并逐渐成熟。供给其生长发育所需的足够营养，帮助其养成良好的饮食习惯，为其一生建立健康膳食模式奠定坚实的基础，是学龄前儿童膳食的关键。

食物多样　谷物为主

【提要】学龄前儿童正处在生长发育阶段，合理营养不仅能保证他们的正常生长发育，也可为其成年后的健康打下良好基础。人类的食物是多种多样的，各种食物所含的营养成分不完全相同，任何一种天然食物都不能提供人体所必需的全部营养素。必须是由多种食物组成的平衡膳食，才能满足儿童各种营养素的需要，因而提倡广泛食用多种食物。

谷类食物是人体能量的主要来源，也是我国传统膳食的主体，可为儿童提供碳水化合物、蛋白质、膳食纤维和 B 族维生素等。学龄前儿童的膳食也应该以谷类食物为主体，并适当注意粗细粮的合理搭配。

多吃新鲜蔬菜和水果

【提要】应鼓励学龄前儿童适当多吃蔬菜和水果。蔬菜和水果所含的营养成分并不完全相同，不能相互替代。在制备儿童膳食时，应注意将蔬菜切小、切细，以利于儿童咀嚼和吞咽，同时还要注重蔬菜水果品种、颜色和口味的变化，以培养儿童多吃蔬菜水果的兴趣。

Part 3

跑得快的小白兔
—— 五谷蔬菜零食

小白兔除了有着红红的眼睛，短短的尾巴外，还有粗壮有力的后腿呢！所以小白兔是跑得非常快的小动物，每天早晨，小白兔跑过草原、跑过大山、跑过湖泊，去吃自己喜欢的蔬菜。小朋友，要跑得更快，才能胜利哟！

☆ 烤玉米

零食推荐时间：上午或下午加餐

零食食用注意：每天 1/2 ~ 1 个

原 料

玉米　　　　　　　　2 个

辅 料

蜂蜜　　　　　　　　适量

制 作

❶ 汤锅中加入水。

❷ 放入玉米煮至 8 成熟。

❸ 将煮好的玉米出锅。

❹ 玉米放在烤网上，微沥水。

❺ 在玉米表面刷上一层蜂蜜。

❻ 放入烤箱，调温 150℃，烤 10 分钟即可。

❼ 一份蜜香的烤玉米完成。

告诉宝宝的营养　　玉米甜香可口，是非常值得推荐的零食；另外玉米中的叶黄素和玉米黄质，是有效的抗氧化剂，能够保护宝宝的视力。

绿豆糕

零食推荐时间：午点或下午、晚上加餐

零食食用注意：每天 1/2 ~ 1 个

原 料

绿豆粉	400 克

辅 料

蜂蜜	80 克
绵白糖	50 克
熟食用油	40 克
糖桂花	20 克

制 作

❶ 绿豆粉放入深盘中入蒸锅，大火蒸 25 分钟。

❷ 蒸好的绿豆粉都会结成硬块，将蒸好的绿豆粉搓散。

❸ 绿豆粉过筛，依次放入熟食用油、蜂蜜、绵白糖、糖桂花。

❹ 所有材料搓拌均匀，放入月饼模具中压实。

❺ 将绿豆糕推出模具，装盘即可。

告诉宝宝的营养　　绿豆中蛋白质、铁、钙的含量比鸡肉多，并含有丰富的 B 族维生素、胡萝卜素等，具有清热解暑、利尿、明目等功效。

萝卜丝饼

零食推荐时间：上午或下午加餐

零食食用注意：每天 1/2 ~ 1 个

原 料

白萝卜	400 克
面粉	350 克

辅 料

方火腿	适量
葱	适量
白糖	适量
盐	适量
鸡精	适量
胡椒粉	适量
香油	适量
猪油	适量
色拉油	适量

制 作

❶ 白萝卜洗净，擦成细丝，放到沸水中烫一下，过凉水。将葱和方火腿切丁。

❷ 将萝卜丝用力挤干，加入葱丁和方火腿丁，搅拌均匀。

❸ 加入盐、白糖、鸡精、香油、胡椒粉、猪油，拌匀后放入冰箱冷藏室备用。

❹ 将面粉与猪油混合，加入冷水，揉 10 分钟。

❺ 用力揉至面团光滑、无疙瘩后，用保鲜膜裹好，醒发 15 分钟。

❻ 将醒好的猪油面团擀成 3 毫米厚的面片，均匀涂上色拉油，由下向上卷好，切成均匀的面坯子。

❼ 将面坯子擀成面皮，包入馅料，放入油锅中煎至两面金黄即可。

告诉宝宝
的营养

白萝卜含芥子油、淀粉酶和粗纤维，具有促进消化，增强食欲的作用，可以让宝宝的胃口棒棒的。

零食等级：
可经常食用级

黄金干馍块

原 料

馒头	1 个

辅 料

盐	适量
孜然粉	适量
色拉油	适量

制 作

❶ 馒头切成片，不要太薄，否则烤出来太硬。

❷ 在馒头片的一侧均匀涂上少许色拉油。

❸ 均匀地撒上盐、孜然粉。

❹ 将馒头片放入预热好的烤箱中，烘烤 3 分钟。

❺ 取出馒头片，在另一面再涂上色拉油、盐、孜然粉。

❻ 将馒头片放入烤箱中再次烘烤 3 分钟，取出切小块，再次放入烤箱，烘烤 3 分钟即可。

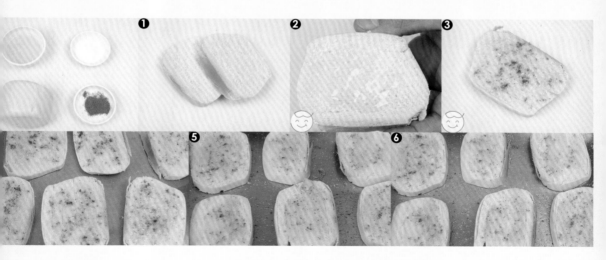

告诉宝宝的营养　　馒头容易消化吸收，其所含有的酵母能促进营养物质的分解，提高面食的营养价值，味道简单的馒头可制作成馍块，酥香诱人。

红薯芝麻团

零食推荐时间：上午或下午加餐

零食食用注意：糯米不易消化，建议每次
3 ~ 5 个

 原 料

红薯	200 克
糯米粉	120 克
红豆沙馅	100 克

辅 料

糖粉	适量
色拉油	适量
熟白芝麻	适量
淡奶油	适量

 制 作

❶ 将红薯洗净切块，放在水中煮 20 分钟。

❷ 煮熟的红薯稍冷却后去皮，再用勺子压成细泥。

❸ 倒入淡奶油、糖粉、糯米粉搅拌均匀，揉成光滑的面团，盖上保鲜膜静置 30 分钟。

❹ 将红豆沙馅等分成约 10 克的小团。

❺ 将面团分成等大的剂子，揉圆后压扁包入红豆沙馅，封口后小心揉圆。

❻ 将揉好的圆团在芝麻里滚动，让表层粘满芝麻，做成芝麻球。

❼ 锅中注入色拉油，烧至微冒烟时，将芝麻球放入油中。

❽ 等到芝麻球色泽变深时，捞出沥油后即可。

 告诉宝宝的营养

红薯含有膳食纤维、胡萝卜素及各种维生素和微量元素，营养价值很高，适合宝宝加餐食用，搭配芝麻，喷香诱人，深受宝宝喜爱。

紫薯糯米糍

零食推荐时间：上午或下午加餐

零食食用注意：糯米不易消化，建议每次
2 ~ 3 个

 **原 料**

糯米粉	230 克
小麦淀粉	50 克
紫薯馅	适量

 **制 作**

❶ 将小麦淀粉和适量开水混合搅至没有干粉，稍凉后揉成光滑面团。

❷ 糯米粉加入白糖后用温水和面，也揉成光滑面团。

❸ 将两个面团放一起再揉匀，放置醒发。

❹ 紫薯馅分成若干小份，搓成小圆球。

❺ 醒发好的面团搓成长条后分成均匀的剂子。

❻ 将剂子搓圆后压成圆饼状，包入紫薯球，搓圆。

❼ 在蒸盘里刷上一层油，放上包好的紫薯糯米团，上蒸锅蒸 15 分钟。

❽ 蒸好后，趁热取出，裹上一层椰蓉即可。

 **辅 料**

白糖	适量
椰蓉	适量

 告诉宝宝的营养

糯米粉蒸熟后黏香可口，而馅中的紫薯颜色诱人，它除了具有普通红薯的营养成分外，还富含硒元素和花青素，适合宝宝食用。

鸡肉蔬菜卷

原 料

面粉	200 克	尖椒	50 克
土豆	50 克	香菜	50 克
鸡胸肉	50 克	木耳	50 克
胡萝卜	50 克	鸡蛋	2 个

辅 料

葱	适量	料酒	适量
生抽	适量	淀粉	适量
盐	适量	色拉油	适量
白糖	适量		

制 作

❶ 土豆去皮切丝，用凉水洗去淀粉；胡萝卜去皮切丝；尖椒洗净切丝；香菜洗净切段。

❷ 木耳泡发后切丝；鸡胸肉切丝，放入料酒、淀粉抓匀。

❸ 锅中加水烧沸，放入鸡肉丝略烫，捞出备用。

❹ 鸡蛋打散，加入约 2 个鸡蛋壳的水，加入少许面粉搅匀成面粉糊。

❺ 空锅小火烧热，把鸡蛋面粉糊淋入锅中，做成若干小饼。

❻ 锅中色拉油烧热，加入葱丝、鸡丝，大火煸炒，加少许生抽上色。

❼ 加入土豆丝、胡萝卜丝、尖椒丝、木耳丝煸炒，加入盐、白糖调味，加入香菜盛出。

❽ 把炒好的菜分成若干份，做馅，卷入鸡蛋饼中即可。

告诉宝宝
的营养

这款零食的搭配比较均衡，既有肉食、面食，还卷入了大量的蔬菜丝，味美可口，让宝宝同时获取更多的营养。

红枣南瓜蒸糕

原　料

南瓜	130 克
面粉	110 克
小枣	6 颗

辅　料

白糖	40 克
泡打粉	2 克
牛奶	120 毫升
色拉油	适量
盐	适量

制　作

❶ 南瓜去瓤，上锅蒸熟，去皮。

❷ 小枣洗净去核，切成丁。

❸ 蒸熟的南瓜和牛奶、白糖一起放入料理机，打成汁。

❹ 南瓜汁里加入过筛的面粉、盐、泡打粉拌匀。

❺ 加入小枣丁，拌匀，静置 15 分钟。

❻ 模具内涂一层色拉油，将面糊倒入模具内。

❼ 水开上锅，带着模具一起大火蒸 15 分钟即可。

**告诉宝宝
的营养**

　　南瓜含有淀粉、蛋白质、胡萝卜素、B 族维生素、维生素 C 和钙、磷等成分，营养丰富，蒸熟后甜甜的，宝宝一般都比较喜爱。

五香锅巴

零食推荐时间：上午或下午加餐

零食食用注意：建议每次少量食用

原 料

米饭	1 小碗

辅 料

盐	适量
五香粉	适量
自制虾粉	适量
食用油	适量

制 作

❶ 米饭中放入少许盐、五香粉、食用油，半勺虾粉，用手抓匀。

❷ 取一块保鲜膜放案板上，把米饭放上去。

❸ 把保鲜膜对折，反复擀几次，把米饭擀成薄饼形状，放入冰箱冷藏 30 分钟。

❹ 取出冷藏好的米饭饼，去掉保鲜膜，将米饭饼切成均匀的条状。

❺ 改刀切成小正方形。

❻ 电饼铛刷上少许食用油，放入切好的小正方形米饭饼。

❼ 两面煎至金黄色即可。

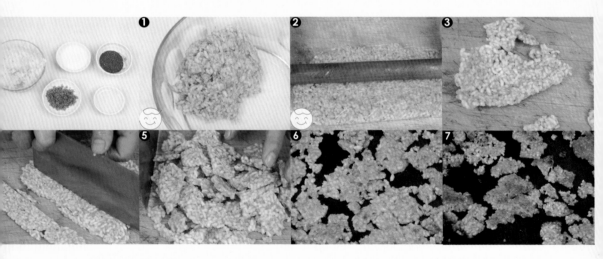

告诉宝宝的营养

将虾皮洗净、炒干、打粉，即可制成虾粉，具有补钙和提鲜作用。

零食等级：

可经常食用级

蔬果三明治

零食推荐时间：早餐、加餐皆可

零食食用注意：建议每次1个

原 料

吐司面包	2片

辅 料

圣女果	4个
草莓	3个
生菜	适量
黄油	适量
沙拉酱	适量

制 作

❶ 吐司面包两面均匀涂上黄油。

❷ 将吐司面包放入预热好的烤箱中，烘烤5分钟。取出。

❸ 圣女果、草莓均洗净，对半切开；生菜洗净。

❹ 取一片吐司面包，依次放上生菜、圣女果、草莓。

❺ 挤上沙拉酱。

❻ 盖上另一片吐司面包片即可。

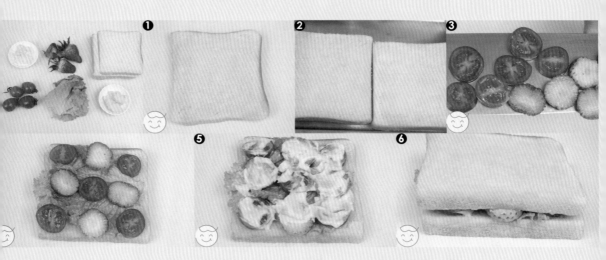

告诉宝宝的营养　　三明治里面含有蔬菜、水果、面包，营养搭配均匀，可以满足宝宝的营养摄取需要，适合宝宝食用。

☆ 菠菜鸡蛋饼

零食推荐时间：早餐、加餐皆可

零食食用注意：根据宝宝喜爱程度

原 料

菠菜	100 克
鸡蛋	2 个
面粉	适量

辅 料

盐	适量
五香粉	适量
色拉油	适量

制 作

❶ 菠菜择净，用水清洗干净。

❷ 锅中把水烧开，放入菠菜焯一下。

❸ 在碗中加入两个鸡蛋、适量面粉，调入盐、五香粉。

❹ 加入菠菜搅拌成糊，静置一会儿。

❺ 搅拌一下，直至无面粉颗粒。

❻ 电饼铛或平底锅刷上一层色拉油，烧热，倒入面糊，使面糊均匀地铺满锅底，煎至两面熟透即可。

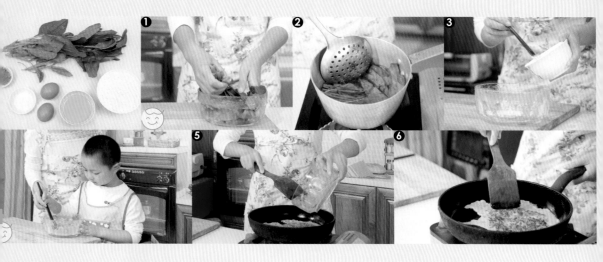

告诉宝宝的营养

　　菠菜茎叶柔软滑嫩、味美色鲜，富有营养。将菠菜经过焯水后，可以去除一些草酸，口感会更好。

⭐ 炸洋葱圈

零食推荐时间：上午或下午加餐

零食食用注意：经过油炸，每次不宜太多

原 料

紫洋葱	1 个

辅 料

鸡蛋	1 个
面粉	适量
面包糠	适量
盐	适量
色拉油	适量

制 作

❶ 紫洋葱横切成圈，圆圈宽度大约为 1 厘米。

❷ 鸡蛋打散成蛋液备用。

❸ 洋葱圈中加入适量的盐拌匀，放置 1～2 分钟。

❹ 将洋葱圈逐一沾上面粉、蛋液和面包糠。

❺ 锅中注入色拉油烧热，放入洋葱圈开始炸。

❻ 大火炸至洋葱圈呈金黄色，捞出沥油即可。

告诉宝宝的营养

洋葱维生素含量高，对婴幼儿身体发育有好处。炸成洋葱圈后，酥香可口，能引起宝宝的食欲。

零食等级：
适当食用级

爆米花

原料

玉米粒	150 克

辅料

白糖	少许
色拉油	少许

制作

❶ 凉锅凉油放入玉米粒。

❷ 用铲子搅拌均匀，使玉米粒全部粘上油，中小火加热。

❸ 待玉米粒周围冒出泡泡时，盖上锅盖，听到锅内发出"嘭嘭"的玉米爆裂的声音，将锅体轻轻地晃动，使锅内的玉米均匀受热。

❹ 锅内的玉米爆裂声越来越小时，将火关闭，打开锅盖，倒出玉米花。

❺ 锅内放入白糖，小火慢慢地把糖溶化成糖稀。

❻ 把爆裂好的玉米花放入，搅拌均匀，盛出，凉后食用口感更好。

告诉宝宝的营养　　玉米属于粗粮，淀粉含量达 70% 以上，膳食纤维较为丰富，作为零食食用有利于宝宝营养平衡。

学龄前儿童膳食指南（二）

食物多样　谷物为主

【提要】鱼、禽、蛋、瘦肉等动物性食物是优质蛋白质、脂溶性维生素和矿物质的良好来源。动物蛋白的氨基酸组成更适合人体需要，且赖氨酸含量较高，有利于补充植物蛋白中赖氨酸的不足。肉类中铁的利用较好，鱼类特别是海产鱼所含不饱和脂肪酸有利于儿童神经系统的发育。动物肝脏含维生素 A 极为丰富，还富含维生素 B$_2$、叶酸等。我国农村还有相当数量的学龄前儿童平均动物性食物的消费量很低，应适当增加摄入量，但是部分大城市学龄前儿童膳食中优质蛋白比例已满足需要甚至过多，同时膳食中饱和脂肪的摄入量较高，谷类和蔬菜的消费量明显不足，对儿童的健康不利。

怎样保证学龄前儿童获得充足的铁

（1）儿童生长发育快，需要的铁较多，每千克体重约需要 1mg 的铁；（2）儿童与成人不同，内源性可利用的铁较少，其需要的铁更多依赖食物中铁的补充；（3）学龄前儿童的膳食中奶类食物仍占较大比重，其他富含铁的食物较少，也是易发生铁缺乏和缺铁性贫血的主要原因。

学龄前儿童铁的适宜摄入量为 12mg/d，动物性食品中的血红素铁吸收率一般在 10% 或以上。动物肝脏、动物血、瘦肉是铁的良好来源。膳食中丰富的维生素 C 可促进铁吸收。

如何满足学龄前儿童对锌和碘的需要

中国居民营养与健康状况调查结果表明，我国部分儿童存在边缘性锌缺乏的问题。学龄前儿童锌的推荐摄入量为 12mg/d。锌最好的食物来源是贝类食物，如牡蛎、扇贝等，利用率也较高；其次是动物的内脏（尤其是肝）、蘑菇、坚果类和豆类；肉类（以红肉为多）和蛋类中也含有一定量的锌。

学龄前儿童碘的推荐摄入量为 50μg/d，使用碘强化食盐烹调的食物是碘的重要来源，含碘较高的食物主要是海产品，如海带、紫菜、海鱼、海虾、海贝类。学龄前儿童每周应至少吃一次海产品。

Part 4

活泼的小猕猴
——水果零食

在茂密的森林里，小猕猴手臂悬挂在树枝上，从这棵树荡到了另一棵树，再荡到远远的那棵果树，很快，怀里就捧满了各种各样的水果，然后小猕猴就快乐地大吃起来。小朋友，要像小猕猴那样活泼可爱吗？一定要多吃水果哦！

零食等级：
适当食用级

芒果椰汁黑糯米

零食推荐时间：正餐、加餐皆可

零食食用注意：糯米不易消化，每次食用不宜过多

 原 料

黑糯米	1 杯
芒果	1 个

 辅 料

白糖	适量
枸杞子	适量
莲子	适量
百合	适量
椰浆	适量

 制 作

❶ 芒果去皮切小块，椰浆烫热；黑糯米洗净后泡水，隔夜最佳。

❷ 将洗净的黑糯米与莲子、百合、枸杞子隔水蒸 40 分钟以上，加入白糖拌匀。

❸ 将拌匀的黑糯米取出放入容器中。

❹ 拌上适量芒果块。

❺ 淋上烫热的椰浆即可。

 告诉宝宝的营养

　　芒果清甜可口，搭配浓郁的椰浆，再加入软糯可口的黑糯米，口感浓稠，深受宝宝喜爱。

零食等级：
限制级食物

冰糖葫芦

零食推荐时间：上午或下午加餐

零食食用注意：高糖，建议一个月
1~2次，不宜常食

原料

山楂	300 克

辅料

白糖	150 克
水	100 克
油	10 克
熟白芝麻	适量

制作

❶ 山楂洗净后拦腰切开，挖去果核，将两瓣合上。

❷ 用竹签将山楂串起来，每串 5 个。

❸ 案板洗净，薄薄地抹上一层油备用。

❹ 锅内注入油烧热，润滑全锅，然后将多余的油倒出。

❺ 将白糖倒入锅中，加入水不断搅拌，将火调至最小慢慢熬制。

❻ 待糖液由翻大泡转至翻小泡，颜色变黄之后，将串好的山楂贴着泛起的泡沫轻轻转动，裹上薄薄的一层糖衣。

❼ 将裹好糖衣的山楂放到抹油的案板上，撒上熟白芝麻冷却即可。

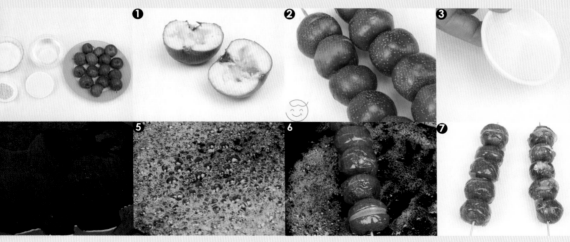

告诉宝宝的营养

山楂酸甜开胃助消化，裹上糖衣后脆甜可口，但因为含糖较高，所以食用要适量，并且食后漱口，以保护牙齿。

草莓圣诞公公

零食推荐时间：正餐或加餐皆可
零食食用注意：建议每次不超过 10 粒

 原 料

新鲜草莓	7 颗

 辅 料

打发的鲜奶油	适量
巧克力	适量

 制 作

❶ 新鲜草莓用小刀去掉底部带蒂的部分，这样可以很均匀地站立。

❷ 切出草莓顶部，作为圣诞公公的帽子。

❸ 用小勺刮一勺鲜奶油放到草莓上，做出圣诞公公的脸。

❹ 放上"帽子"。

❺ 放一点奶油在帽子上作装饰。

❻ 挑两粒巧克力放在奶油上，做圣诞公公的眼睛。

❼ 用牙签刮一点奶油放到草莓上做圣诞公公衣服的纽扣。

 告诉宝宝的营养

草莓果形美观，酸甜可口，并且具有促进胃肠蠕动、帮助消化的功效，大多宝宝都爱食用，加奶油做成甜点，更能吸引宝宝食欲。

零食等级：

适当食用级

苹果酱

零食推荐时间：早餐、上午或下午加餐

零食食用注意：高糖，每次不宜太多，
　　　　　　　可搭配面包等食用

原　料

苹果	200 克
柠檬汁	1 匙
草莓	50 克

辅　料

白糖	200 克

制　作

❶ 苹果去皮，切块；草莓洗净去蒂。

❷ 苹果、草莓一起放入搅拌机中打碎。

❸ 打碎的苹果草莓泥中加入白糖、柠檬汁，放入微波炉中。

❹ 微波炉不加盖，高火加热 3 分钟。

❺ 取出，搅拌均匀，再放入微波炉不加盖，中火加热 2 分钟。

❻ 做好以后，放入瓶中。

❼ 冷却后，盖上盖，放入冰箱冷藏即可。

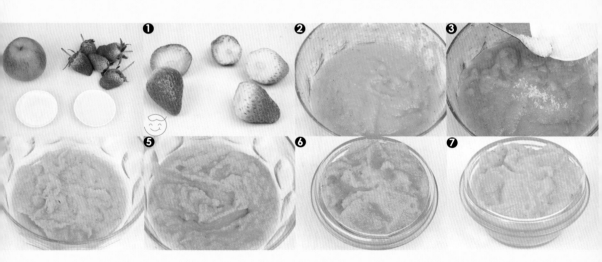

告诉宝宝的营养　　苹果中含有丰富的糖类、膳食纤维、维生素 C、磷、钾等矿物质，做成果酱后，同样适合宝宝食用。

草莓果酱

零食推荐时间：早餐、上午或下午加餐

零食食用注意：高糖，每次不宜太多，可搭配面包等食用

 原 料

新鲜草莓	200 克
柠檬汁	300 克

 制 作

❶ 新鲜草莓洗净沥干水分，小的切成两半，大的切成四半。

❷ 在新鲜草莓里加入白糖，使白糖均匀地附着在草莓上。

❸ 盖上保鲜膜，放入冰箱冷藏 3 小时以上，至草莓内的水分渗出。

❹ 将草莓连同渗出的水分一起放入锅中，大火翻炒。

❺ 不断翻炒直到草莓变软，然后用中火慢慢熬干。

❻ 当翻炒到浓稠状态时，关火，加入柠檬汁搅匀。

❼ 趁热将果酱装入干净的容器里，密封放入冰箱保存。

辅 料

白糖	180 克

 告诉宝宝的营养

草莓酱具有助消化、增食欲的特点，并且更容易保存。装果酱的容器，事先用滚水煮过并自然晾干，能让果酱保存得更久。

☆ 糖水黄桃

零食推荐时间：上午加餐

零食食用注意：高糖，建议每次食用 2 ~ 3 块

 原 料

黄桃	500 克
冰糖	40 克

 辅 料

柠檬汁	10 毫升
盐	适量

 制 作

❶ 洗净黄桃表面的毛，去皮去核。

❷ 把去皮去核的黄桃切块（大小随意）。

❸ 把切好的黄桃放入锅内，加入水，同时放入冰糖和少许盐。

❹ 盖上盖子，开大火煮开，转中小火煮 15 分钟左右。

❺ 煮至黄桃变软，呈透明状时加入柠檬汁。

❻ 关火焖着。

❼ 凉后放入冰箱冷藏更好吃，吃不完的装入密封瓶，可保存一周左右。

 告诉宝宝的营养

黄桃是水分充足的水果，同样适合宝宝食用，做成糖水黄桃，味道更甜，也更受宝宝喜欢，但每次不宜食用过多。

果丹皮

原料

山楂	500 克

辅料

白糖	50 克
色拉油	适量

制作

❶ 山楂洗净，去蒂去核，取山楂肉。

❷ 山楂肉放入盆里，放一层山楂撒一层白糖，腌制 15 分钟直至渗出水分。

❸ 直接把盆放入蒸锅上，大火蒸 10 ~ 15 分钟。

❹ 把蒸好的山楂放凉，倒入搅拌机里打成山楂泥。

❺ 烤盘里刷一层薄薄的油。

❻ 把山楂泥倒入烤盘里，用刮片刮均匀，薄厚 2 ~ 3 毫米。

❼ 放入烤箱中层，70℃，烘 2 小时，取出烤盘，放置通风处一夜，第二天用刮片轻轻揭开。

❽ 把山楂整形切片，卷成自己想要的大小卷即可。

告诉宝宝的营养　　酸酸甜甜的果丹皮是很多宝宝的最爱，用开胃助消化的山楂做成家庭版果丹皮，无添加，更健康，也更方便宝宝食用。

苹果干

原 料

苹果	2 个
柠檬汁	适量

辅 料

盐	适量

制 作

❶ 苹果削皮后放在清水里，加入少量盐搓洗干净。

❷ 洗净的苹果放在案板上，用刀切成厚薄均匀的薄片。

❸ 碗里放入适量凉白开水，挤入少许柠檬汁，切好的苹果片放在水里，加少量盐，浸泡 2 分钟。

❹ 浸泡好的苹果片分散排放在烤架上，放入微波炉中，选择高火火力加热 4 分钟。

❺ 取出烤架，用手把苹果片逐个翻面，再次放入微波炉中，中高火加热 3 分钟即可。

告诉宝宝的营养　苹果干可以保存苹果的营养，并且可以尝试与新鲜水果不同的风味，切好的苹果片用盐、柠檬水浸泡 2 分钟，以防止其氧化变黑。

零食等级：
适当食用级

⭐ 冰糖炖橙子

零食推荐时间：上午或下午加餐

零食食用注意：建议每次 1 个，不宜过多

原 料

橙子	1 个

辅 料

冰糖	适量

制 作

❶ 将橙子洗净，去掉表面杂质，切成片。

❷ 将切好的橙子片放入小容器中。

❸ 加入适量的水。

❹ 放入冰糖，盖上容器的盖子。

❺ 蒸锅中加入水。

❻ 把小容器放入蒸锅。

❼ 隔水蒸 1.5 小时，盛出即可。

告诉宝宝
的营养

橙子含有大量的糖和一定量的柠檬酸及丰富的维生素 C，色、香、味、营养俱全，是宝宝适合食用的优良水果之一。

零食等级：
可经常食用级

酥脆香蕉片

零食推荐时间：上午或下午加餐

零食食用注意：糖分较高，每次食用不宜过多

原 料

香蕉　　　　　　　　2根

辅 料

白砂糖　　　　　　　适量

制 作

❶ 香蕉去皮，切薄片。

❷ 将香蕉片依次排放在烤盘中。

❸ 在表面抹上一层白砂糖。

❹ 放入烤箱上层，以100℃烘烤30～40分钟，烤至表面不黏，且基本成型。

❺ 将香蕉片翻面，再以100℃烘烤约30分钟，烤至两面干燥，并且摸起来明显脆硬，出炉后晾干即可。

告诉宝宝
的营养

　　香蕉果肉软滑，味道香甜，营养高而热量低，不但含有称为"智慧之盐"的磷，还含有丰富的蛋白质、糖、钾、维生素A和维生素C、膳食纤维等，是宝宝适宜的营养水果。

学龄前儿童膳食指南（三）

每天饮奶，常吃大豆及其制品

【提要】奶类是一种营养成分齐全、组成比例适宜、易消化吸收、营养价值很高的天然食品。除含有丰富的优质蛋白质、维生素 A、核黄素外，含钙量还较高，且利用率也很好，是天然钙质的极好来源。儿童摄入充足的钙有助于增加骨密度，从而延缓其成年后发生骨质疏松的年龄。目前我国居民膳食提供的钙普遍偏低，因此，对处于快速生长发育阶段的学龄前儿童，应鼓励其每日饮奶。

大豆是我国的传统食品，含有丰富的优质蛋白质、不饱和脂肪酸、钙及维生素 B_1、维生素 B_2、烟酸等。为提高农村儿童的蛋白质摄入量及避免城市中由于过多消费肉类带来的不利影响，建议常吃大豆及其制品。

【说明】学龄前儿童每日平均骨骼钙储留量为 100 ~ 150mg，学龄前儿童钙的适宜摄入量为 800mg/d。奶及奶制品钙含量丰富，吸收率高，是儿童最理想的钙来源。每日饮用 300 ~ 600mL 牛奶，可保证学龄前儿童钙摄入量达到适宜水平。豆类及其制品尤其是大豆、黑豆含钙也较丰富，芝麻、小虾皮、小鱼、海带等也含有一定量的钙。

吃清洁卫生、未变质的食物

【提要】注意儿童的进餐卫生，包括进餐环境、餐具和供餐者的健康与卫生状况。幼儿园集体用餐要提倡分餐制，减少疾病传染的机会。不要饮用生的（未经高温消毒过的）牛奶和未煮熟的豆浆，不要吃生鸡蛋和未熟的肉类加工食品，不吃污染变质不卫生的食物。

【说明】平衡膳食、合理营养的实现，建立在食品安全的基础上。因此，在选购食物时应当选择外观好，没有泥污、杂质，没有变色、变味并符合国家卫生标准的食物，严把病从口入关，预防食物中毒。注意食品包装上的说明，尤其是生产日期、保质期、储藏条件和营养成分含量等信息，尽量选择信誉好的食品生产企业的产品。

Part 5

爱喝牛奶的小花猫
—— 蛋奶烘焙零食

"喵喵"，小花猫踩着优雅的猫步走了过来，走到沙发处打个滚，尾巴还甩来甩去地淘气呢！突然，它看到了桌子上的牛奶，一个跳跃，蹦到了桌子上，舔起了它最爱的牛奶。小朋友，喝牛奶可以长得更漂亮呢！

零食等级：
可经常食用级

豆豆酥

零食推荐时间：加餐皆可

零食食用注意：根据宝宝喜爱程度

原 料

低筋粉	45 克
黄油	40 克
糖粉	25 克
玉米粉	20 克

辅 料

鸡蛋	1 个
奶粉	5 克
泡打粉	5 克

制 作

❶ 黄油加入糖粉，打松。鸡蛋取蛋黄。

❷ 加入蛋黄搅拌均匀。

❸ 将低筋粉、玉米粉、奶粉、泡打粉分别过筛。

❹ 将过筛的四种粉加入黄油糊中，轻轻拌匀成面团，冷藏 20 分钟左右。

❺ 将面团搓成长条，切成等份的小剂子。

❻ 将小剂子搓成小圆球，排放入烤盘，放入烤箱，220℃烘烤 5 分钟左右。

告诉宝宝的营养 豆豆酥主要由面粉、蛋黄等制成，体积较小，口感酥脆，不含其他添加物，适合宝宝当作零食食用。

零食等级：
适当食用级

鸡蛋布丁

原 料

鸡蛋	300 克
鲜奶	200 毫升
各式水果丁	适量

辅 料

| 白糖 | 100 克 |
| 香草粉 | 少许 |

制 作

 ❶ 鸡蛋打散成蛋液备用。

❷ 高火 5 分钟，将水煮沸，加入白糖充分搅拌成白糖水。

 ❸ 白糖水中加入蛋液和鲜奶搅拌均匀。

❹ 将一杯白糖混合半杯开水煮至金褐色，熬成焦糖。

❺ 将少许熬好的焦糖倒入模型内。

❻ 把调匀后的材料倒入模型内。

❼ 烤盘内加入约 1/3 的温水，放进微波炉烤箱，中火，烤 15 分钟即可。

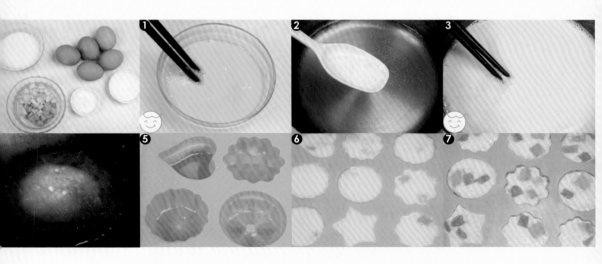

告诉宝宝的营养

鸡蛋、牛奶、水果都是宝宝适合的营养食品，一起制作成美食，营养极其丰富，可以满足宝宝的需要。

零食等级：
适当食用级

焦糖
苹果饼干

原 料

青苹果（去皮）	100 克
低筋粉	80 克
无盐黄油	60 克

辅 料

白砂糖	80 克
泡打粉	2 克
牛奶	15 毫升
色拉油	适量

制 作

❶ 青苹果切丁，放入烤箱中层，180℃，烤 10 分钟。

❷ 一半白砂糖加入水，小火煮至焦糖色，熄火后慢慢加入牛奶，用木勺搅匀，加入苹果丁。

❸ 中火煮 1 ~ 2 分钟，即成焦糖苹果，滤去汁液，放凉备用。

❹ 无盐黄油室温软化，加入剩余白砂糖用搅拌机快速打匀成黄油糊。

❺ 低筋粉、泡打粉预先过筛，加入黄油糊，用橡皮刮刀稍微拌和。

❻ 加入焦糖苹果丁，以不规则方向拌成均匀的面糊。

❼ 烤盘刷油，用小勺将面糊盛上，放入烤箱中层，180℃，烤 25 分钟即可。

告诉宝宝
的营养

苹果与饼干的结合，香浓可口，搭配牛奶等一起给宝宝食用，无论是正餐还是加餐，都深受宝宝喜爱。

鲜蔬鸡蛋糕

零食推荐时间：随时

零食食用注意：每次根据宝宝喜爱程度

原料

鸡蛋	2个
虾仁	10克
山药	10克
胡萝卜	10克
黄瓜	10克

辅料

盐	适量

制作

❶ 鸡蛋打散，加入2个鸡蛋壳（1:1比例）的水搅匀。

❷ 虾仁洗净，切成小块。

❸ 山药去皮，切成小块。

❹ 胡萝卜去皮，切成小块。

❺ 黄瓜洗净，切成小块。

❻ 把虾仁块、山药块、胡萝卜块、黄瓜块加入鸡蛋液中。

❼ 加入少量盐，搅匀，盖上保鲜膜。

❽ 锅中加入凉水，将鸡蛋液入锅，大火蒸6～8分钟，取出即可。

告诉宝宝的营养　　蒸鸡蛋糕是很多宝宝添加辅食后最经常食用的，口感软嫩，营养也充足，大点的宝宝加入蔬菜小块当作零食食用也很不错。

蛋卷

 原 料

低筋面粉	45 克
鸡蛋	2 个

 辅 料

白砂糖	60 克
黄油	35 克
黑芝麻	15 克

 制 作

❶ 将黄油软化加入白砂糖搅拌均匀。

❷ 筛入低筋面粉，用橡皮刮刀拌和均匀。

❸ 将鸡蛋打入拌好的面糊内，搅拌均匀。

❹ 加入黑芝麻，继续搅拌均匀，成为蛋卷糊。

❺ 将锅烧热，取一勺蛋卷糊放入锅中，迅速将锅转一圈，使面糊平摊成圆形。

❻ 小火加热，待蛋卷上层慢慢烤干，两边成黄色时，用筷子将蛋卷从一头卷起即可。

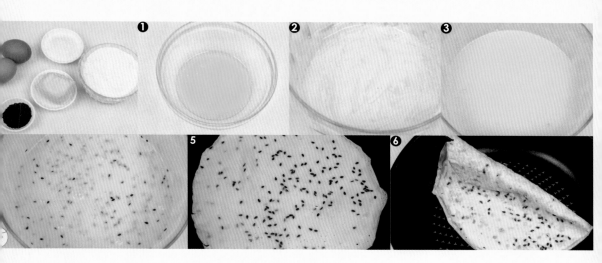

 告诉宝宝的营养

鸡蛋与面粉的搭配，做成的蛋卷酥脆可口，方便当零食食用，煎蛋卷的时候火候要小，要有耐心，才能保证火候，煎出酥脆的蛋卷。

零食等级：
适当食用级

卤鹌鹑蛋

零食推荐时间：随时

零食食用注意：卤过的鹌鹑蛋，每次几枚即可

原 料

鹌鹑蛋	适量

辅 料

八角	适量	草果	适量
花椒	适量	草寇	适量
桂皮	适量	肉蔻	适量
香叶	适量	丁香	适量
小茴香	适量	老抽	适量
甘草	适量	盐	适量

制 作

❶ 用刷子将鹌鹑蛋清洗干净。

❷ 锅中加入水，放入洗净的鹌鹑蛋。

❸ 锅烧开后，加入盐以外的其他辅料，最后加入老抽。

❹ 煮 3 分钟后，加入盐。

❺ 再煮 10 分钟关火。

❻ 鹌鹑蛋连汤一起倒入容器内，冷却后放入冰箱冷藏，随吃随取。

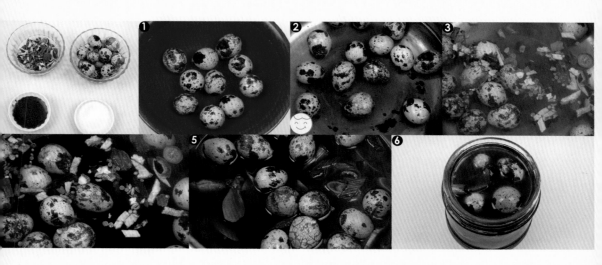

告诉宝宝的营养

鹌鹑蛋的营养价值不亚于鸡蛋，含有丰富的蛋白质、脑磷脂、卵磷脂、赖氨酸、胱氨酸、维生素 A、维生素 B_2、维生素 B_1、铁、磷、钙等营养物质。

全麦小饼干

 原 料

低筋面粉	140 克
全麦面粉	50 克
大燕麦	40 克

 辅 料

色拉油	60 毫升
炼乳	30 克
黑芝麻	30 克
泡打粉	3 克
小苏打	2 克
盐	1 克

 制 作

❶ 将原料和辅料放入盆中混合均匀，放入水。

❷ 用橡皮刮刀拌匀，揉成面团，饧发 20 分钟。

❸ 把面团放到案板上，擀成厚 3 厘米的片。

❹ 用饼干模具压出饼干形状。

❺ 压好形状的饼干用刮板托住底部，放到烤盘上面。

❻ 烤箱预热，190℃，烘烤 20 分钟即可。

 告诉宝宝的营养

全麦比精面粉含有更丰富的营养和粗纤维，适合大宝宝食用，烘烤时间可以根据自家的烤箱温度来调节，避免烤焦。

零食等级：
适当食用级

磨牙棒

原 料

低筋面粉	100 克
糖粉	10 克
鸡蛋黄	1 个

辅 料

水	适量

制 作

❶ 把鸡蛋黄放进干净的盆里，加入低筋面粉，拌匀。

❷ 边加入水边用筷子搅拌，直到变成片状，再用手揉成面团。

❸ 揉好面后盖上保鲜膜，放冷藏室静置30 ~ 40分钟。

❹ 将面团擀成约 0.5 厘米的厚片。

❺ 用刀将面片切成均匀的条状。

❻ 烤盘刷油，将面棍稍稍整形放在烤盘上，再放入预热后的烤箱，180℃，烤制 25 分钟即可。

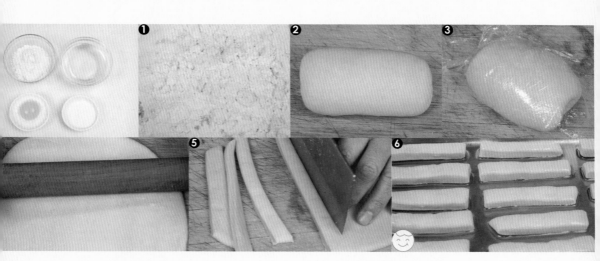

告诉宝宝的营养

磨牙棒主要用来给小宝宝作为磨牙用的工具，因为材料就是面粉、鸡蛋等，所以大的宝宝可以作为零食来食用。

果仁蜂蜜脆饼

零食推荐时间：上午或下午加餐

零食食用注意：每次几片即可

原料

低筋面粉	95 克
栗粉	25 克
核桃仁	20 克

辅料

无盐黄油	35 克
糖粉	10 克
黑芝麻	10 克
泡打粉	2 克
蜂蜜	50 毫升

制作

❶ 无盐黄油隔水加热溶化，加入蜂蜜用手动打蛋器搅打均匀。

❷ 降温后筛入低筋面粉、栗粉、糖粉、泡打粉，用橡皮刮刀稍微拌和。

❸ 加入核桃仁和黑芝麻，用手揉成均匀的面团。

❹ 将面团放在保鲜膜上，用手整形成直径约 4 厘米的圆柱，包好保鲜膜放入冰箱冷藏 2 小时。

❺ 取出后立刻用刀切成约 1 厘米厚的圆片。

❻ 烤盘刷油，将圆饼排放在烤盘上。

❼ 放入预热 160℃的烤箱，上下火，烤 20 分钟即可。

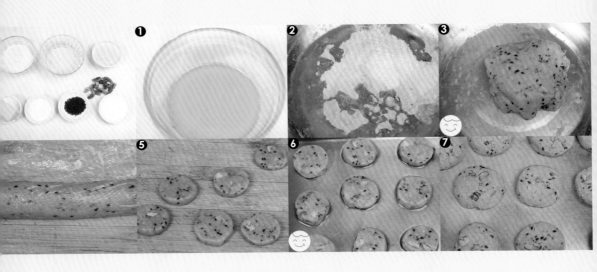

告诉宝宝的营养　坚果具有益智的功效，并且口感香脆，将其与面粉、蜂蜜等做成脆饼，是非常不错的零食。

零食等级：
可经常食用类

虎皮蛋卷

零食推荐时间：早餐、加餐皆可
零食食用注意：根据宝宝喜爱程度

原 料

鸡蛋	3 个
面粉	100 克

辅 料

白糖	10 克
色拉油	少许
蓝莓酱	少许

制 作

❶ 鸡蛋分离蛋清、蛋黄。

❷ 将蛋清用打蛋器打到起泡。

❸ 加入蛋黄，再加入面粉、白糖搅匀成面糊。

❹ 锅内注入色拉油烧 6 成热，把搅匀的面糊均匀倒入锅中，小火摊成饼。

❺ 煎到两面金黄后，均匀抹上蓝莓酱。

❻ 将蛋卷从头卷到尾。

❼ 用锯齿刀斜切装盘即可。

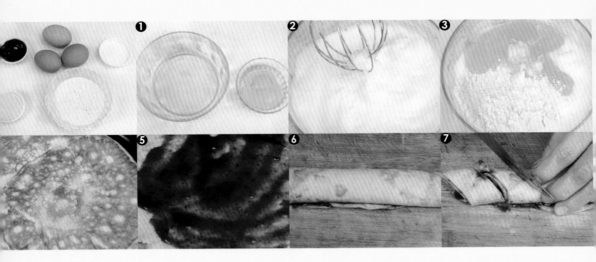

告诉宝宝的营养

　　鸡蛋与蓝莓酱一起搭配制作而成，比起普通的蛋卷多了更多的口味变化和营养，也更能引起宝宝的食欲。

学龄前儿童膳食指南（四）

膳食清淡少盐，正确选择零食，少喝含糖高的饮料

【提要】在为学龄前儿童烹调加工食物时，应尽可能保持食物的原汁原味，让孩子首先品尝和接纳各种食物的自然味道。为了保护儿童较敏感的消化系统，避免干扰或影响儿童对食物本身的感知和喜好，食物的正确选择和膳食多样的实现，预防偏食和挑食的不良饮食习惯，儿童的膳食应清淡、少盐、少油脂，并避免添加辛辣等刺激性物质和调味品。

零食是学龄前儿童饮食中的重要内容，应予以科学的认识和合理地选择。零食是指正餐以外所进食的食物或饮料。对学龄前儿童来讲，零食是指一日三餐两点之外的添加的食物，用以补充不足的能量和营养素。

学龄前儿童新陈代谢旺盛，活动量大，所以营养素需要量相对比成人多。水分需要量也大，建议学龄前儿童每日饮水量为1000～1500mL。其饮料应以白开水为主。目前市场上许多含糖饮料和碳酸饮料含有葡萄糖、碳酸、磷酸等物质，过多地饮用这些饮料，不仅会影响孩子的食欲，使儿童容易发生龋齿，而且还会造成过多的能量摄入，不利于儿童的健康成长。

学龄前儿童胃容量小，肝脏中糖原储存量少，加上活泼好动，容易饥饿。应通过适当增加餐次来适应学龄前儿童的消化功能特点，以一日"三餐两点"制为宜。各餐营养素和能量合理分配，早中晚正餐之间适量的加餐食物，既保证了营养需要，又不增加胃肠道负担。通常情况下，三餐能量分配中，早餐提供的能量约占30%（包括上午10点的加餐），午餐提供的能量约占40%（含下午3点的午点），晚餐提供的能量约占30%（含晚上8点的少量水果、牛奶等）。

【说明】零食品种、进食量及进食时间是需要特别考虑的问题。在零食选择时，建议多选用营养丰富的食品，如乳制品（液态奶、酸奶）、鲜鱼虾肉制品（尤其是海产品）、鸡蛋、豆腐或豆浆、各种新鲜蔬菜水果及坚果类食品等，少选用油炸食品、糖果、甜点等。

Part 6

聪明的小松鼠
—— 坚果零食

秋天来了，树上的坚果成熟了，很多小动物还是不知忧愁地到处玩耍，小松鼠呢，它不断告诉自己："秋天之后就是寒冷的冬天了，一定要加油哦！"每天在森林里捡各种坚果，藏到树洞里。在冬天，小松鼠就可以躺在洞里享受美食了。要知道，勤快的小朋友才更聪明呢！

琥珀核桃

零食推荐时间：上午或下午加餐

零食食用注意：每次几枚即可

原 料

核桃仁	300 克

辅 料

白糖	适量
香油	适量

制 作

❶ 核桃仁洗净，沥干。

❷ 锅内加入少量清水。

❸ 加入白糖，熬到糖汁浓稠。

❹ 将核桃仁放入糖汁翻炒，使糖汁裹包在核桃仁上。

❺ 将锅刷干净，放入香油加热，待香油热时，投入粘满糖汁的核桃仁。

❻ 用文火炸至金黄即可。

告诉宝宝的营养　核桃仁含有丰富的蛋白质、脂肪、矿物质和维生素，具有健胃、补血、润肺、安神等功效，大一点的宝宝可以经常食用。

零食等级：
适当食用级

糖炒栗子

零食推荐时间：上午或下午加餐

零食食用注意：栗子不易消化，每次
　　　　　　　几枚即可

原 料

栗子	400 克

辅 料

白糖	5 克
食用油	10 毫升
蜂蜜	10 毫升

制 作

❶ 栗子洗净，用刀在上面画出十字花痕，稍
　微深一点。

❷ 栗子全部划好后用清水浸泡 10 分钟。

❸ 把浸泡后的栗子捞出沥干。

❹ 锅内注入少许食用油烧热，放入栗子小火
　翻炒，直到栗子开口。

❺ 加入蜂蜜、白糖，再翻炒一会儿，至栗子
　熟透即可。

告诉宝宝的营养　　栗子营养价值非常高，含有丰富的淀粉、蛋白质等，但是不易消化，所以宝宝不宜过多食用，作为零食还是蛮适合的。

零食等级：
适当食用级

牛轧糖

 原 料

棉花糖	100克
甜奶粉	50克
熟花生仁	45个

 制 作

❶ 熟花生仁用擀面杖擀碎。

❷ 棉花糖放入微波炉中高火加热1分钟，至溶化。

❸ 把甜奶粉和熟花生碎倒入棉花糖糊中快速搅拌均匀。

❹ 将搅拌好的棉花糖糊放到保鲜盒中，趁热调整成长方形。晾凉后放入冰箱冷藏2小时，让它彻底变硬。

❺ 将做好的牛轧糖倒出保鲜盒。

❻ 将牛轧糖切成小块即可。

 告诉宝宝的营养

花生具有一定的药用价值和保健功效，如降低胆固醇、延缓人体衰老、促进儿童骨骼发育和预防肿瘤等。

零食等级：
适当食用级

盐焗腰果

原 料

生腰果	200 克

辅 料

盐	适量
色拉油	适量

制 作

❶ 准备好生腰果，用厨房用纸擦一下。

❷ 热锅注入少许色拉油烧热，然后转小火。

❸ 加入生腰果炒制，小火将腰果炒熟透。

❹ 将炒熟透的腰果出锅。

❺ 趁热撒盐，拌匀，晾凉即可。

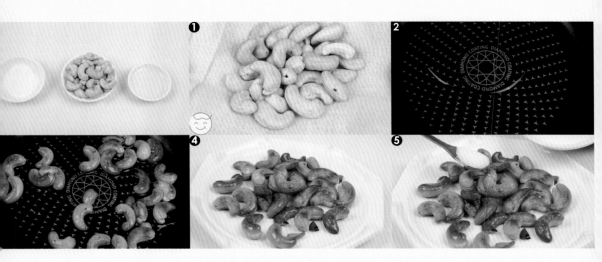

告诉宝宝的营养

7 个月以上的宝宝都可以吃腰果，但腰果含有多种过敏原，对于过敏体质的宝宝来说，可能会造成一定的过敏反应，家长应注意。

零食等级：
适当食用级

五香杏仁

 原 料

生杏仁	500 克
细盐	1000 克

 辅 料

盐	4 克
五香粉	3 克

制 作

❶ 生杏仁放入容器中。

❷ 加入开水没过生杏仁烫 1 分钟。

❸ 取出，沥水。

❹ 拌入盐和五香粉，腌制 30 分钟。

❺ 铁锅置炉上开中火，放入细盐炒热。

❻ 倒入腌好的生杏仁，中火炒熟，需 10 ~ 11 分钟。

❼ 离火后倒入漏盆里，摇晃漏盆将盐完全分离。

❽ 炒熟的生杏仁晾凉后即可食用。

 告诉宝宝的营养

甜杏仁是无毒的，宝宝可以吃，但每天摄入量不宜过多，2 岁以上的宝宝每天吃 3 粒即可，适合作为零食用。

零食等级：

适当食用级

盐烤银杏果

零食推荐时间：上午或下午加餐
零食食用注意：建议每次 3 ~ 4 颗

原　料

生银杏果　　　　200 克

辅　料

盐　　　　　　　适量

制　作

❶ 将每颗生银杏果夹裂，保证都有裂口。

❷ 将夹裂的生银杏果摊在烤盘中。

❸ 撒上盐。

❹ 将生银杏果放入预热 180℃的烤箱，中层，上下火，烤制 15 ~ 20 分钟。

❺ 生银杏果烤熟透后出炉。

❻ 搓去烤熟透的银杏果的外壳内皮，取芯食用即可。

告诉宝宝的营养　　生银杏有微毒，须得全部断生才能食用，每次 3 ~ 4 颗即可，多则易引起腹泻，建议 6 岁以上大宝宝作为零食食用。

学龄前儿童膳食指南（五）

食量与体力活动要平衡，保证正常体重增长

【提要】进食量与体力活动是控制体重的两个主要因素。食物提供人体能量而体力活动/锻炼消耗能量。当进食量过大而活动量不足时，则合成生长所需蛋白质以外的多余能量就会在体内以脂肪的形式沉积而使体重过度增长，久之易发生肥胖；相反若食量不足，活动量又过大时，可能由于能量不足而导致消瘦，造成活动能力和注意力下降。所以儿童需要保持食量与能量消耗之间的平衡。消瘦的儿童则应适当增加食量和油脂的摄入，以维持正常生长发育的需要和适宜的体重增长；肥胖的儿童应控制总进食量和高油脂食物摄入量，适当增加活动（锻炼）强度及持续时间，在保证营养素充足供应的前提下，适当控制体重的过度增长。

【说明】为什么要定期测量儿童的身高和体重　对于生长发育活跃的学龄前儿童，总能量供给与能量消耗应保持平衡。长期能量摄入不足可导致儿童生长发育迟缓、消瘦和抵抗力下降，相反摄入过多可导致超重和肥胖，这两种情况都会影响儿童的正常生长发育和健康。

目前我国各大城市和部分农村的调查显示，儿童肥胖的比例日益增高，已经成为我国儿童青少年最主要的健康问题之一。因此，需要定期测量儿童的身高和体重，关注其增长趋势，建议多做户外活动，维持正常的体重增长。

Part 7

爱喝蜂蜜的小熊
—— 饮品

睡醒的小熊很想吃蜂蜜，它知道在山的那头有一个蜂巢，里面满满的都是蜂蜜，可是，那些蜜蜂非常厉害，每次去偷蜂蜜吃都会被蜇得满头包，于是小熊这次摘了好多好多花朵堆在蜂巢下，跟蜜蜂们交换到自己喜欢的蜂蜜吃。小朋友，好品德获得的美食才更好吃呢！

柠檬水

 原 料

柠檬	1/2 个

 辅 料

凉开水	500 毫升
蜂蜜	50 毫升
冰糖	25 克

 制 作

❶ 柠檬洗净切片。

❷ 锅中注入凉开水。

❸ 将冰糖放入锅中煮开。

❹ 冰糖水倒入容器中放凉。

❺ 水温低于60℃时，放入切好的柠檬片。

❻ 水温低于40℃时，加入蜂蜜搅匀即可。

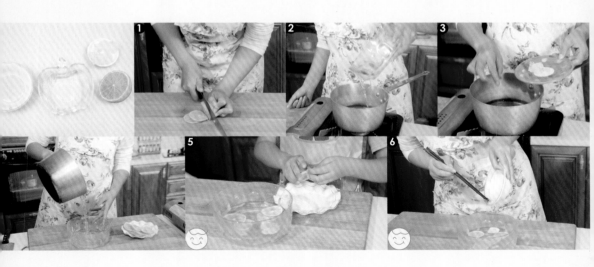

 告诉宝宝的营养

柠檬中富含维生素 C、柠檬酸、苹果酸等，多食对人体有益，但其酸度很大，一般不直接食用，榨汁稀释比较不错。

零食等级：
可经常食用级

☆西瓜汁

零食推荐时间：随时

零食食用注意：根据宝宝喜爱程度

 原 料

西瓜   850克

 制 作

❶ 把西瓜放到冰箱冰镇一下，取出切开。
❷ 将切好的西瓜块去皮。
❸ 用小工具将西瓜去籽。
❹ 西瓜瓤切成小块儿。
❺ 放入搅拌机内。
❻ 充分搅拌均匀。
❼ 将搅碎的西瓜过滤一下。
❽ 倒入杯中即可饮用。

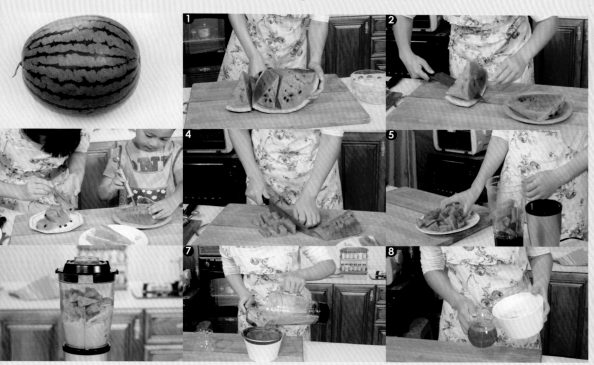

 告诉宝宝的营养

西瓜可清热解暑，除烦止渴，这是因为西瓜中含有大量的水分，在发烧、口渴、烦躁时，吃块西瓜，症状会改善很多。

零食等级：
适当食用级

姜撞奶

零食推荐时间：上午或下午加餐

零食食用注意：每次一小碗即可

原 料

牛奶	250 毫升
老姜	50 克

辅 料

白砂糖	15 克

制 作

❶ 老姜去皮洗净，剁成姜茸。

❷ 将姜茸压出姜汁备用。

❸ 牛奶倒入奶锅中。

❹ 加入白砂糖拌匀。

❺ 中小火煮至微开，熄火，晾凉。

❻ 待温度降至 70℃左右时，倒入装着姜汁的碗中，并盖上碗盖。

❼ 静止 10 分钟即可凝结。

告诉宝宝的营养

　　做好的姜撞奶软软嫩嫩，像极了做好的豆腐花，宝宝一般都会喜爱，但姜是热性，注意少食，牛奶也是大一点的宝宝才能添加。

零食等级：

适当食用级

杏仁露

原料

杏仁	适量

辅料

牛奶	适量
冰糖	适量
纯净水	适量

制作

❶ 杏仁用清水浸泡，去掉杏仁外皮。

❷ 将杏仁放入料理杯，加入纯净水。

❸ 用料理机打磨使杏仁和纯净水快速融合，并呈均匀的白色浓浆。

❹ 取下料理杯，用滤网将杏仁浆过滤。

❺ 滤网中留存的杏仁颗粒倒入料理杯再次加入纯净水进行二次搅拌。

❻ 再次过滤，将两次打磨好的杏仁露混合。

❼ 放入冰糖，加热 2 ~ 3 分钟即可。

告诉宝宝的营养　　将杏仁做成杏仁露，方便宝宝摄取杏仁的营养，其口感香浓，也会充分调动起宝宝的食欲。

零食等级：
可经常食用级

☆ 豆米浆

零食推荐时间：早餐、上午加餐

零食食用注意：每次建议一小杯

原料

黄豆	60 克
大米	30 克

辅料

白糖	适量

制作

❶ 黄豆放入碗中，用清水泡发。

❷ 将泡发好的黄豆和大米一起清洗干净。

❸ 将两者一起放入豆浆机中。

❹ 加入不低于最低刻度的水。

❺ 启动五谷豆浆键。

❻ 将磨好的豆浆过滤掉豆渣。

❼ 调入适量白糖，趁热搅匀即可。

告诉宝宝的营养

豆浆中含有丰富的钙，此外豆浆还含有维生素 B_1、维生素 B_2、烟草酸及铁等营养素，但 2 岁以内宝宝不宜饮用豆浆。

蓝莓酱酸奶

原 料

纯牛奶	800 毫升
酸奶	50 毫升
蓝莓果酱	30 克

辅 料

| 白糖 | 30 克 |

制 作

❶ 把纯牛奶倒入不锈钢碗中。

❷ 加入酸奶。

❸ 加入白糖，盖上碗盖。

❹ 放入酸奶机，插上电源开始发酵。

❺ 8 小时后取出。

 ❻ 加入蓝莓果酱拌匀。

❼ 装入酸奶瓶即可。

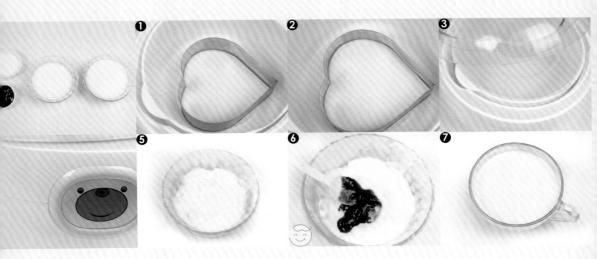

告诉宝宝的营养　给宝宝吃蓝莓，能帮助宝宝增进视力、保护眼睛健康，搭配牛奶、酸奶等，适合大一点的宝宝当作零食食用。

零食等级：
可经常食用级

☆ 鲜榨橙汁

零食推荐时间：随时

零食食用注意：根据宝宝喜爱程度

原 料

橙子 .... 2 个

制 作

❶ 橙子切瓣，去皮去筋。

❷ 将橙肉切成小块。

❸ 将橙肉块倒入料理机内。

❹ 加入适量温开水。

❺ 搅拌成汁，过滤掉果渣。

❻ 倒入杯中即可饮用。

告诉宝宝的营养　　维生素 C 可促进铁的吸收，有助于维持骨骼和牙龈健康，果汁中丰富的膳食纤维有助于宝宝的肠道健康，帮助宝宝好消化、不上火。

零食等级：
限制食用级

老式冰棍

零食推荐时间：上午或下午加餐

零食食用注意：偶尔食用一支

原　料

糯米粉	50 克
奶粉	100 克
白糖	100 克
盐	适量

辅　料

蓝莓	适量
柠檬	适量

制　作

❶ 锅中加水烧开，水的量不要太多，3 小碗即可。

❷ 热水中先加入奶粉，再放入白糖，搅匀至奶粉融化。

❸ 糯米粉加适量水搅匀。

❹ 将调好的糯米粉加入沸水锅中，边倒边搅拌。

❺ 再加入少许盐搅匀。

❻ 根据爱好加入水果汁，凉透后倒入冰棍容器中，放入冰箱冷冻 2.5 小时即可。

告诉宝宝的营养

　　做给宝宝的夏季解暑冰棍，可以加入各种果汁，也可以加入煮好的红豆、绿豆等，做成不同的冰棍。

酸梅汤

原 料

乌梅	12 粒

辅 料

冰糖	100 克
干山楂片	30 克
甘草	5 克

制 作

❶ 将乌梅、干山楂片和甘草放入小碗中。

❷ 用流动清水冲洗干净。

❸ 在汤锅中加入水，再放入洗净的乌梅、干山楂片和甘草。

❹ 大火烧沸，转小火继续煮制 30 分钟。

❺ 加入冰糖，不断搅拌，直至冰糖彻底融化。

❻ 把汤锅中的酸梅汤滤出。

❼ 在室温下稍稍放凉，移入冰箱中镇凉即可。

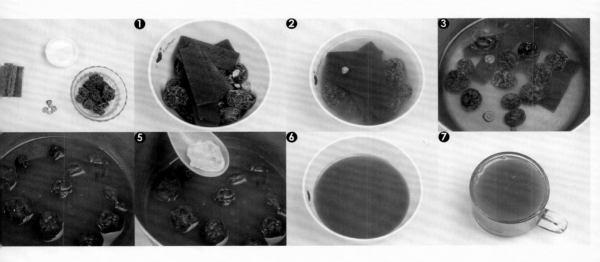

告诉宝宝的营养　　酸梅汤是一款老北京的传统饮品，味道酸酸甜甜，喝起来解渴开胃，有助于消化、增进食欲。

学龄前儿童膳食指南（六）

不挑食、不偏食，培养良好饮食习惯

【提要】学龄前儿童开始具有一定的独立性活动，模仿能力强，兴趣增加，易出现饮食无规律，吃零食过多，食物过量。当受冷受热、有病或情绪不安定时，易影响消化功能，可能造成厌食、偏食等不良的饮食习惯。所以要特别注意培养儿童良好的饮食习惯，不挑食，不偏食。

【说明】学龄前儿童是培养良好饮食行为和习惯的最重要和最关键阶段。帮助学龄前儿童养成良好的饮食习惯，需要特别注意以下几点。

（1）合理安排饮食，一日三餐加 1～2 次点心，定时、定点、定量用餐。

（2）饭前不吃糖果、不饮汽水等零食。

（3）饭前洗手，饭后漱口，吃饭前不做剧烈运动。

（4）养成自己吃饭的习惯，让孩子自己使用筷、匙，既可增加进食的兴趣，又可培养孩子的自信心和独立能力。

（5）吃饭时专心，不边看电视或边玩边吃。

（6）吃饭应细嚼慢咽，但也不能拖延时间，最好能在 30 分钟内吃完。

（7）不要一次给孩子盛太多的饭菜，先少盛，吃完后再添，以免养成剩菜、剩饭的习惯。

（8）不要吃一口饭喝一口水或经常吃汤泡饭，这样容易稀释消化液，影响食物的消化与吸收。

（9）不挑食、不偏食，在许可范围内允许孩子选择食物。

（10）不宜用食物作为奖励，避免诱导孩子对某种食物产生偏好。

家长和看护人应以身作则、言传身教，帮助孩子从小养成良好的饮食习惯和行为。良好饮食习惯的形成有赖于父母和幼儿园教师的共同培养。学龄前儿童对外界好奇，易分散注意力，对食物不感兴趣。家长或看护人不应过分焦急，更不能采用威胁引诱等方式，防止孩子养成拒食的不良习惯。

还应注意的是，此时儿童右侧支气管比较垂直，因此要尽量避免给他们吃花生米、干豆类等食物，以免其落入气管。此期的孩子 20 颗乳牙均已出齐，饮食要供给充足的钙、维生素 D 等营养素。要教育孩子注意口腔卫生，少吃糖果等甜食，饭后漱口，睡前刷牙，预防龋齿。